航海大冒险

我的好习惯修炼手册

明德璋 编著

東方出版中心

序言

习惯是人生的规尺，丈量着与成功的距离。

好习惯成就人生，好习惯需要家校共同培养。

《航海大冒险——我的好习惯修炼手册》一书，是我主持的课题《基于家校合作的中小学生“品行能乐”系统培养实践研究》的成果之一。该课题从“品、行、能、乐”四个方面，探索家校合作共同培养学生的路径、模式与方法，以期学生修成良好的品德，养成良好的习惯，提升实践能力，最终实现学生身心健康、全面发展的目标。

叶圣陶说过：“中小学的根本任务就是培养学生的习惯。”学校和家庭作为并肩工作的两个“雕塑家”，应该有着相同的理念，朝着一个方向行动。学生好习惯的养成，需要家校之间“面对面”、“肩并肩”、“手拉手”、“心连心”，真正实现家校育人目标相一致。

本书探究的 12 个好习惯，内容包括：设立目标、课前预习、用心聆听、及时复习、做事专注、善于记忆、习惯阅读、学会观察、敢于表达、正确书写、学会质疑与交流合作。这些好习惯是经过调查访谈，反复论证，最终从 100 多个好习惯中筛选出来的。

全书由航海日志将 12 个好习惯串联起来，可读性很强。书中的冒险故事，情节曲折，充满神秘色彩。由故事引出小启示，也就是好习惯。然后，将好习惯养成的途径与方法编成歌谣便于学生记忆。同时，配上形象生动的漫画更容易让学生理解。目标达成度小测试，既是好习惯养成的向导，又是对学生自身好习惯的检测。最后的船长密语，既是温馨的提醒，更是画龙点睛式的点拨。该书具有很强的趣味性与操作性。

本书对于学生好习惯的养成是一种新的探索与尝试，也可以说是学生好习惯养成的“修炼手册”。同一个习惯，从多角度、用多形式探索，使得这些重要的好习惯可以理解，可以操作，可以评价，可以反馈，可以互动。特别是家长的全程参与是学生好习惯养成的关键所在。

本书文字部分由王治宇老师执笔，内容先后修改了十几稿。漫画部分由陈黎君老师绘制。徽章图案以及小图标由高珏茹老师设计。在编写过程中，上海市汾阳中学的老师们提出了很好的建议。书名参考了刘侠老师的建议。在此，一并向参与、帮助、支持该书编写的各位同仁表示衷心感谢。

该书在编辑过程中，得到了东方出版中心唐丽芳老师的专业指导。在此，表示深深的谢意。

水平有限，不足之处敬请读者批评指正。

明德璋

2014 年 12 月 24 日

目录

序言

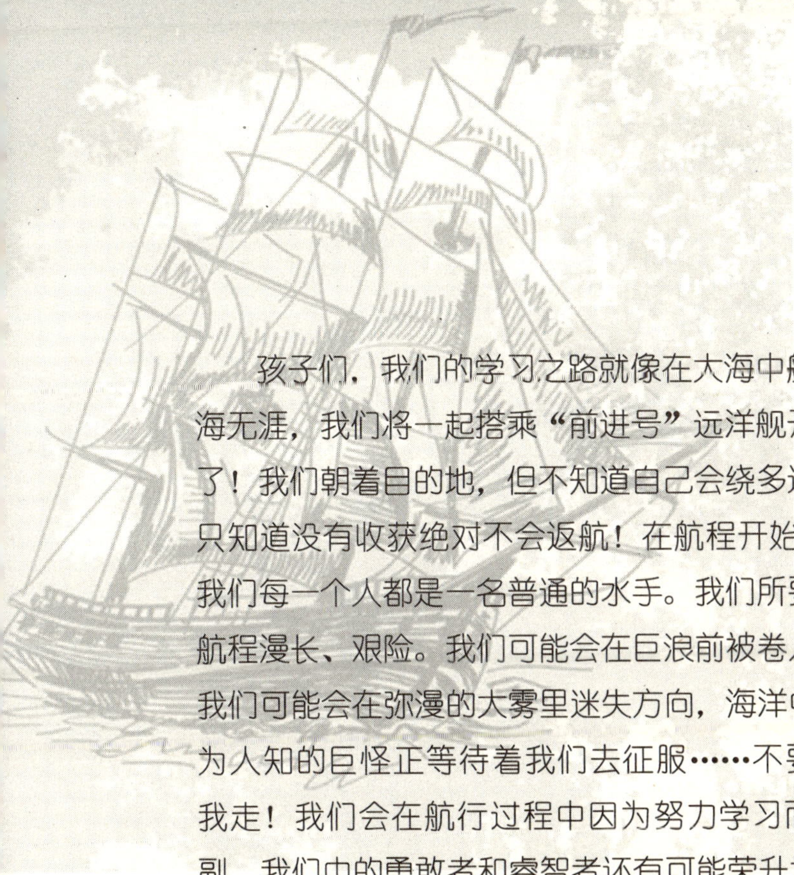

孩子们，我们的学习之路就像在大海中航行。学海无涯，我们将一起搭乘“前进号”远洋舰开始航行了！我们朝着目的地，但不知道自己会绕多远。我们只知道没有收获绝对不会返航！在航程开始的时候，我们每一个人都是一名普通的水手。我们所要经历的航程漫长、艰险。我们可能会在巨浪前被卷入漩涡，我们可能会在弥漫的大雾里迷失方向，海洋中也有不为人知的巨怪正等待着我们去征服……不要怕！跟我走！我们会在航行过程中因为努力学习而成为大副，我们中的勇敢者和睿智者还有可能荣升为船长！还等什么？起锚了！

接下来的航程中我们用航海日志记下了海上的重大事件。这些航海日志需要你和我一起来完成，你准备好了吗？

航海日志 第一篇

习惯一：设立目标

刚登上“前进号”的你兴奋异常，你几乎把船上的每一个角落跑了个遍。你的眼睛里满是好奇和欢喜。

“船长！快看啊！好多小鱼！它们在跳舞！”

“船长！你听见了吗？海豚在唱歌！”

“船长！不好了！乌云来了！我们的船会不会被风浪打沉啊？”

……

作为船长，看着你这不谙世事的样子，我又是好气，又是好笑。

“孩子，你现在已经是一名水手了，可不能光想着看热闹添乱啊！快去甲板上看看，起风了，大家都在忙着收帆，你可以去帮忙。”

“船长，我可不愿意去干那种没技术含量的容易活，我是要像你一样当船长的，我要在驾驶室里学掌舵！”

你的回答让我有些意外，也有些失望。孩子，你还不知道，万事都要慢慢来。还没做个好水手，竟然就要干船长的活？我刚想出口责怪，可看看你那一副认真不服输的劲头，我咽下了已到嘴边的话。

“好吧！你去驾驶室，但至于能不能学会开船，可就看你自己了。”

日子过得很快，转眼间我们已经在学海中航行了一个月了，你渐渐地失去了海上航行的新奇感。日子一天天似乎都在循环反复，你倦怠了，松懈了，甚至忘记了海上可能还存在着危险，它正在黑暗中向我们靠近……

早起，大雾……浓密的黑雾里裹挟着海中咸腥的味道让我们透不过气来！天空中看不见任何发光体，浓密的乌云快速地变换着各种神秘的造型：时而如魔鬼的巨眼，时而如怪兽的利齿……

我们感到了前所未有的恐惧！作为船长，我赶忙用内线电话联系了你——想一下子变成船长的水手。

“船长，请指示！”

“请迅速报告‘前进号’的具体位置！随时提防我们的船迷失方向！”我说。

“迷雾太重，无法辨别方向！”

“留意观察，缓慢行驶。”我一再叮嘱。

大船在黑暗中摸索着前行，我的心始终悬着，时刻准备着应对大海的狰狞。

“不好！前面似乎有不明物！转向！往哪里转？转向角度？”你的声音忽然从广播中传来。

一团慌乱！

“你不是想做船长吗？你不是觉得航行很容易吗？你就知道慌，你的办法呢？！”我终于爆发出了憋闷已久的怒吼。

“船长！我看不清方向了！我不想做船长了！我什么也不想做了！我想回家！”你慌张恐惧地哭喊着。

我稳了稳自己的情绪，尽量平和地对你说：

“驾驶室，请辨明灯塔方向，全速向灯塔行驶！”在黑暗中，不远处闪烁的灯塔，就像一位善良的精灵，指引着黑暗中迷路的航船！

（未完待续）

故事中的小启示：设立目标

我们的学习过程也如在迷茫的大海上航行，迷失方向是在所难免的事情。我们千万不要急于求成，没做好水手就想当船长的船员最终只会在海上迷失。我们的灯塔在哪里？孩子们，不要好高骛远，合适的阶段性学习目标就好比航行时的灯塔，在我们茫然无措时带给我们前进的力量，为我们指明奋斗的方向。

那么，如何设定合适的学习目标呢？不妨读读这首歌谣，也许对你会有所启示。

努力一点能达到，不让目标太缥缈。
制定措施来施行，执着坚持别忘掉。
达成目标再调整，循序渐进来提高。
目标常新不迷茫，保持动力向前跑！

开学第1天
我们首先要制定一个学习目标，
你们的目标是什么？

我的目标是
当上科学家，获诺贝尔奖，当上工程师，为国争光！呵呵呵……
围观

哦、
有远大目标很好！
但我们也要确立自
己的阶段目标啊！

为了目标，好好学习吧！
不要复习
打游戏
出去玩吧
必胜
不行、
NO

目标达成度小测试

1. 你如何来设立自己的目标？（　　）

A、基本从不设立具体阶段性目标。

B、基本就是把完成作业作为每天的目标。

C、把升学作为最终唯一目标。

D、结合自己长远目标，设立较具体的一系列阶段性目标。

2. 设立一个目标后，你如何来对待它？（　　）

A、在心里想想，基本没有当回事。

B、向父母或老师口头保证，不久可能就忘了。

C、和好朋友约定，希望有人提醒自己去实现目标。

D、书面成文写在固定地方或牢记在心，时常提醒自己。

3. 你是如何来实现既定目标的？（　　）

A、没有计划，走一步看一步。

B、靠周围人提醒，推一下动一下。
C、有笼统计划，但坚持不久。
D、制定具体步骤，逐步落实完成。

4. 既定目标实现后，你的感受是（ ）
A、没什么特别感觉。
B、喜悦，期待周围人肯定。
C、喜悦，内心很有成就感。
D、喜悦，寻找制定下一个目标。

测试规则：A：1分，B：2分，C：3分，D：4分

测试结果

船长徽章：13~16分

恭喜你！你是一个有明确阶段性目标的人。在学习中，因为你拥有明确的方向性，并能够按照步骤有计划实现自己的阶段性目标，所以你的学习效率很高，事半功倍。

大副徽章：9~12 分

很不错！在学习中，你有设立阶段性目标的意识，并且也有为目标而努力的举动，这使你大大受益。然而，在阶段性目标的及时调整和具体实现的措施上，你还缺少自我约束力，所以影响了阶段性目标的实现效果。继续努力啊！

水手徽章：5~8 分

请注意！你知道目标对于学习的重要性，可是在设立和实现目标的过程中不能做到具体有效。如果能把目标更明确具体，实现目标的措施落实更到位，那么你的学习就会有更大地进步！

新手徽章：0~4 分

很遗憾！你缺乏目标意识，也很少为具体的目标而努力。这会给你的学习带来很大的困扰。所以，你现在应该加油啊！

请把自测后对应的徽章粘贴在相应的表格中。

	第一个月	第二个月	第三个月	第四个月	第五个月
自己评价					
家长评价					

船长密语

孩子们，在为自己设立目标的时候不必单纯以成绩作为衡量的标准。下一阶段目标的设立最好能针对自己现阶段的问题来设定。比如：作业完成情况不好的你可以把写好每天作业作为目标，体育不好的你可以把每天跑一千米作为锻炼目标，表达不好的你可以把每天有感情地诵读作为目标……总而言之，让自己在一个个目标的达成中日趋完美。

现在请你沉下心来，好好思考，为自己定一个月的短期目标吧！

你在本月为自己定下的主要目标是：

（不要超过三个）

1.
2.
3.

为了实现这些目标，你的具体措施有哪些？

1.
2.
3.

请你务必坚持一个月啊，加油！

一个月过去了，你这个月目标的实现程度令你满意吗？

你想对自己说：

你的家长评价是：

目标的设定要常有常新，坚持一个月下来后，总结得失之余，别忘了为自己设定下一个目标啊！

第二个月：

第三个月：

……

一个学期结束了，你的目标达成情况如何呢？如果有宝贵的经验，请你及时总结，我们在以后的学习过程中再接再厉啊！

航海日志 第二篇

习惯二：课前预习

迷雾中及时出现的灯塔拯救了我们。孩子，我现在想想还觉得后怕。作为船长，我必须要对你的成长负责。路途漫长，我可要好好地磨炼你！

经过上次的尴尬，你变得沉稳了、勤奋了。你不再漫步甲板欣赏美丽的海景，你不再好高骛远只想指挥航行了。我看到你在努力地拉缆绳收船帆，我看见你不时地求教长辈，帮助同伴……我的心终于觉得安稳。

今天，是一个重要的日子，我决定让你来船长室做我的助理。当我宣布这一决定的时候，有很多水手为你感到高兴，也有人暗暗地不服气。可是我从你充满着惊喜和自信的脸上看到了希望，我知道我的决定是对的。

此时，眼前的大海风平浪静，像一个酣睡入梦的孩子。可是，我一点不敢掉以轻心，因为我知道大海翻起脸来更像一个喜怒无常的暴君。

我正在瞭望的时候，你匆忙跑了进来，气喘吁吁地说：

“船长，你听到歌声了吗？”

我的心里咯噔一下，却故作镇静地说：

“胡说！哪来的歌声？”

“好几个人都听见了！就从那边小岛上传来！”

我顺着你手指的方向看去，那是一个珊瑚礁和火山灰组成的小岛。岛上无数的山洞使它看起来就像一个巨大的蜂巢。每个“蜂窝”里面都有团团紫雾在向外飘散，一缕缕烟雾在小岛的上空交汇在一起，编织成一个巨大的美人鱼形状。我的心猛地收缩，危险的气息向我们的航船逼近。

“我们还是绕过去吧，我没有听到什么歌声，是你们海上待久了，出现幻觉了！”我一边说一边转舵调转航向。

“船长，还是让我下午去侦察一下吧！如果我不去一探究竟，我们永远都不可能找到谜团背后的答案，我可不想在航行中留有遗憾！”

你无限诚恳地央求说。

我的心在激烈地斗争着。海上无数神秘的传说在我脑海中一个个闪现，我不知道那小岛、那歌声到底意味着什么？是好客的美人鱼在发出邀请？是邪恶的海妖在冷笑狰狞？还是……我的大脑一片混乱。

看着你无邪无畏的双眸，面对你的勇敢和执着，我决定放手让你去一探究竟：无论是天堂还是地狱，去经历，就是一种成长。

（未完待续）

故事中的小启示：**课前预习**

故事中的你很让我佩服！是啊，如果遇到未知的领域而不去一探究竟，该是一件多么遗憾的事情啊！在学习过程中，我们也会遇到让我们好奇或让我们生厌的不明情况，这时候就需要一位像你一样勇敢执着的侦察兵来一探究竟。课前预习习惯就是我们完成学习任务时的一个侦察兵，它会帮我们提前感知未知的领域。有这个小兵来提前探路，对于接下来学习任务的完成将会有很大的帮助。

那么，如何来进行课前预习？不妨读读这首歌谣，也许对你会有所启示。

导学学案是向导，发现疑问很重要；
研读教材去思考，查阅资料也必要；
不懂之处反复读，越读答案越明了；
周末时间充裕时，单元预习最最好！

今天要把所有
科目预习一下才对
语文
天哪不会
数学
$\frac{a^{n+1}-a}{a-1}$
啥?!
英语
没中文啊
学霸到底是
怎样预习的?

今天要把所有
科目预习一下村
语文不会～网上查资料
数学不会～问学长
巴拉巴拉
好帅
英语不会～记得翻笔记
这里？
那里？
明天上课一定
轻轻松松OK啦

目标达成度小测试

1．你怎样对待课前预习？（　　）

A、每天都会主动地自觉进行预习。

B、老师布置预习作业时才会进行预习。

C、选择自己感兴趣的内容进行预习。

D、无论老师要求与否，从来不预习。

2．预习时发现不理解的内容，你会怎么办？（　　）

A、查阅相关资料，想方设法自己解决。

B、做下记号，留着上课时听老师讲解。

C、考虑一下，不明白也没办法。

D、觉得无须处理，不懂就不懂吧。

3．预习后仍然不能解决的疑问，你会怎么做？（　　）

A、带着问题认真听课，不能解决的课后再去问老师。

B、带着问题听课，不能解决的和同学探讨。

C、带着问题听课，解决不了的就算了。

D、上课随意听讲，没想过自己的问题。

4. 周末你会提前了解下周所学知识吗？（　　）

A、基本上每周都会主动了解。

B、偶尔想起会去主动了解。

C、被老师要求时才会主动了解。

D、从来不会提前了解。

测试规则：A：4 分，B：3 分，C：2 分，D：1 分

测试结果

船长徽章：13~16 分

恭喜你！你具有良好的预习习惯。由于你具备自主学习的能力，同时，在课堂上又能做到有目的地听讲，所以学习效率极高。

大副徽章：9~12 分

很不错！在学习过程中，你有课前预习的意识，并且也会时常进行预习，这使你大大受益。然而，你有得过且过的想法，如果你能把预习工作做得更扎实些，就会发现自己又上一层楼了！

水手徽章：5~8 分

请注意！你知道课前预习的重要性，可是还缺少预习的主动性。如果能主动培养自己的课前预习习惯，把课前预习落实到位，你将会有更大上升空间！

新手徽章：0~4 分

很遗憾！你缺少课前预习的意识，暂时还没有养成预习习惯，这会给你的学习带来很大的困难。要改变这一现状，需要在课前预习上养成良好习惯啊！加油！

请把自测后对应的徽章粘贴在相应的表格中。

	第一个月	第二个月	第三个月	第四个月	第五个月
自己评价					
家长评价					

船长密语

预习过程中，各门学科都有不同的预习要领。总体来说，文科重阅读，理科重逻辑。例如：语文学科的预习除了整体阅读了解内容外，还要做到咬文嚼字，于细微处发现自己的疑点；数学学科的预习重在例题的分析，掌握公式，领悟思维逻辑，从而发现自己的思维症结。

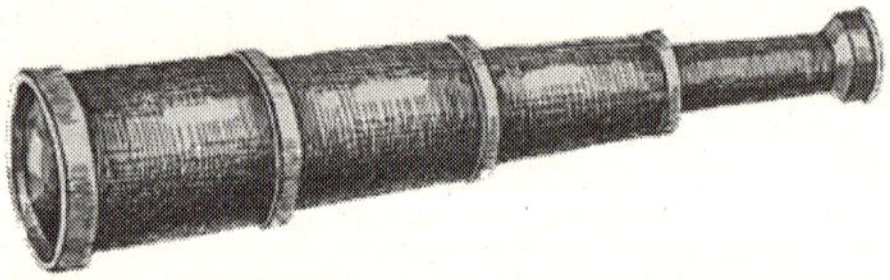

测试过后，你的预习习惯让自己满意吗？总结一些得失吧。

课前预习做得好的地方：

课前预习需要改进的地方：

航海日志 第三篇

习惯三：用心聆听

“好吧，你去见识见识也好，”我沉思了一会说，“不管你看到什么，都不要怕，别讲话，沉住气，认真听！”

你带着一丝恐惧和更多的好奇划着橡皮小船向巨大的“蜂巢”驶去。看着你小小的背影越来越远，我有一种想流泪的冲动。孩子，你能经得住这次考验吗？我的决定是不是太鲁莽了？我默默地为你祈祷！

耳边的歌声越来越清晰，如泣如诉。你加快了划桨的速度，不久就登上了“蜂巢”。你严格地遵守着我的警告，尽量不发出任何声音，只是用心聆听。可是歌声时断时续，加上山洞的回音，歌声的内容模糊不清。你努力地向声源靠近，越来越近了……

“啊！”当看到唱歌的“人”的时候，你还是没忍住惊叫了一声。随着你的尖叫，那人的外貌顿时变得更加丑陋：黑色的头发迅速地盘结成一条条细黑的小蛇，不时向外吐出红色的毒信；面部的肌肉渐渐萎缩，瞬时成为一具干瘪的骷髅，空洞的双眼流着暗黄的液体……她的歌声也变得尖利刺耳，一阵阵浓烈的紫烟随着歌声从她的口中吐出。

你极力地平复自己惊恐的心情，想着我的忠告，慢慢坐下来，极力地不去理会刺鼻的烟雾，闭起眼睛认真聆听……

你听到了歌声的内容：一位王子在海上航行时误入海女巫的领地，大船沉没。王子的灵魂被海女巫扣押，王子沦为海女巫的奴隶。一条漂亮的美人鱼，为了换回王子的灵魂，用高贵的生命和灵魂作为赌注，打赌自己能从海女巫的风暴中救下误入的航船。美人鱼赢得了赌局,气急败坏的海女巫释放了王子的灵魂，却对美人鱼下了最狠毒的魔咒。从此，美人鱼只能被困在浓烟中，面貌日趋丑陋，歌声日趋嘶哑……

你听得入神，听得动情，美人鱼的善良让你忍不住流下了泪水。你的泪水滴在了脚下的礁石上，顿时使山洞变出了美丽的颜色。你惊讶地抬起头，发现一条美丽的人鱼正坐在原来怪物的位置唱歌，随着最后一个音，她一跃跳入了大海，在腾起的浪花中她向你挥尾致谢。孩子，是你投入的聆听和动情的泪水破了魔咒，把丑陋的怪物还原为人鱼精灵。

（未完待续）

故事中的小启示：用心聆听

孩子们，学会聆听可以创造奇迹。只要我们仔细聆听，就会听到海的声音，就会发现可能会错过的风景，就会发现你原以为平淡无奇的生活蕴含着那么多的精彩！在课堂上，在生活中，让我们专心投入，用心聆听，不错过每一个微小的精彩！！！

如何做才算是用心聆听？不妨读读这首歌谣，也许对你会有所启示。

别人讲话不插嘴，耐心微笑去倾听。
上课听讲要专注，聚精会神抓要领。
聆听朋友不腻烦，聆听长辈更尊重。
有益话语多思考，知行合一长本领。

上课中
战国时期的战国七雄有？
韩赵魏齐秦燕楚！
zzzz呼！
上课不要睡觉，要认真听讲啊！
站起来清醒一会儿！

刚才老师讲的是什么？
这个.那个——
喊赵薇齐秦演出演唱会吧……
——神马!!?
哈
哈
哈
哈

目标达成度小测试

1．听别人讲话时，你会做什么？（　　）

A、不太在意，可能会做点自己的事，如看微信、咬指甲等。

B、感兴趣的就听，不感兴趣的就发呆。

C、礼节性地聆听，但心里会有不耐烦。

D、认真聆听，并用适当的话语、表情和肢体语言回应。

2．对于老师课堂上的讲解，你能做到：（　　）

A、偶尔会认真听，但难以坚持。

B、只对感兴趣的内容会认真听。

C、认真聆听，但很少思考老师的问题。

D、认真聆听，并努力思考老师的问题。

3．当老师或家长对你进行说教时，你会怎么做？（　　）

A、很不高兴，觉得不服气。

B、知道对方为自己好，但是还是不愿意听。

C、知道对方为自己好，所以尽量去听。

D、知道对方为自己好，会用心去听，吸取教训。

4. 当别人和你讲话时，对于你没有听懂的内容，你会怎么办？（　　）

A、不去管它。

B、自己猜测。

C 、告诉对方自己没听清楚，请对方再说一遍。

D、将自己的理解与判断说出来，及时与对方进行沟通。

测试规则：A：1分，B：2分，C：3分，D：4分

测试结果

船长徽章：13~16分

恭喜你！你是一个很会聆听的人。在课堂上，因为你能做到认真听讲，所以课堂效率极高。在生活中，你时刻注重聆听，这使你拥有很多朋友，也

让你成为一个长辈喜欢的好孩子！你真棒！

大副徽章：9~12 分

很不错！你有聆听的意识，这使你大大受益。但是，你还没有明白如何真正地听明白别人的话语，也不清楚认真聆听的意义，所以有时候，你没耐心认真地听下去。这是你要克服的难题。

水手徽章：5~8 分

请注意！你知道用心聆听的重要性，可是你却做不到用心。可能有时候你听到的和你领会的会有很大的差距。如果你能更投入地去聆听，耐心地去领会，你会有更大上升空间！

新手徽章：0~4 分

很遗憾！你缺少聆听意识，这会给你的学习和成长带来很大的困难。要解决这一难题，从培养自己良好的听课习惯开始！加油啊！

请把自测后对应的徽章粘贴在相应的表格中。

	第一个月	第二个月	第三个月	第四个月	第五个月
自己评价					
家长评价					

船长密语

其实，会聆听是做好任何事情的第一步。聆听不只是用耳朵，还需要我们用眼神、用点头、用耐心、用专注等来共同配合。“听了”，“听到了”，“听进去了”，“听明白了”，聪明的你能发现它们的区别吗？

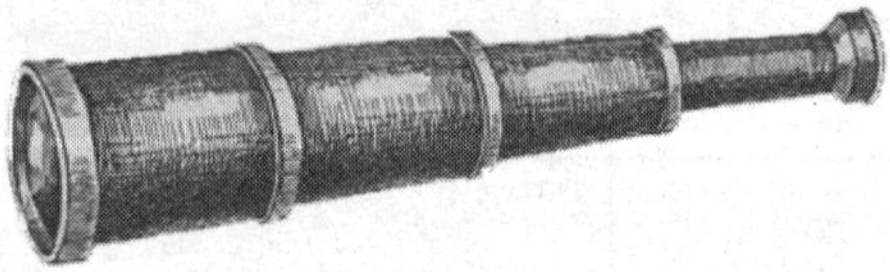

总结一下，你觉得在用心聆听方面，自己哪里做得比较好呢？

还有哪些不足呢？

关于聆听习惯，你有哪些话要来提醒自己呢？

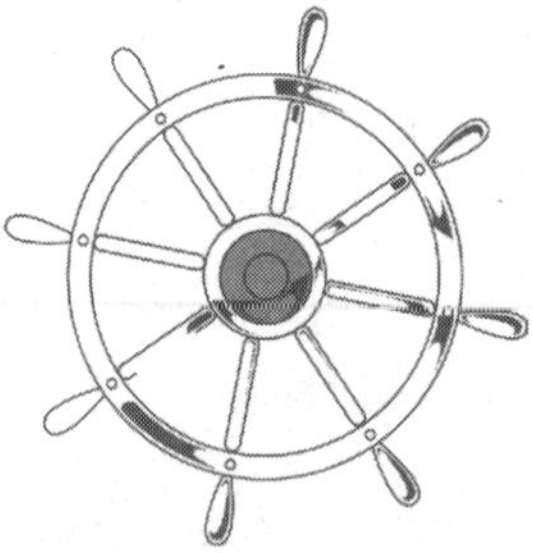

航海日志 第四篇

习惯四：及时复习

自从你聆听过美人鱼的歌声并无意中解除魔咒之后，这片大海让你彻底着了迷。你整天寸步不离地跟着我，恨不得马上就能掌握所有的航海知识。几个月中，你学会了如何应对海上风暴，掌握了熟练的潜水技巧，还能利用放大镜把一条小鱼烤成美味的食物……不得不承认你真的很聪明！

又是一个晴朗的日子，你和其他水手们坐在船舷烤着刚出水的小鱼。美味的烤鱼味吸引了几只海鸥绕船而飞。你们在讨论要不要往鱼身上放辣椒的时候，没有注意到层层黑云正从西方海面快速地涌起。

“船员们，看来要变天了！说不定又是一场风暴。”我严肃地提醒着。

“船长，不用担心，我们都已经身经百战了！”

你一边嚼着美味的烤鱼，一边满不在乎地回应。

你满不在乎的态度让我有一种不祥的预感。

乌云很快布满了大半个天空，不时有无声的闪电拼命地撕扯着天的一角。你们这才收起了满不在乎的笑容，各就各位，准备迎接暴风雨的再一次考验。

风的速度永远让我们惊叹。龙卷风卷起了一个个粗细不一的水柱，天和海仿佛被胶水黏在一起，而又极力想分开。整个船身不停地大幅度晃动，仿佛变成了巨人的摇篮。

我们的“前进号”时刻都有可能被吸向空中。

“快！风暴来了！按照顶级防御操作，应对风暴！”我大声地呼喊着。

面对我的命令，你茫然无措。“顶级防御？船长！什么是顶级防御？！”你无助地看着我。

我的着急化成了愤怒，愤怒化成了失望，脱口而出：“我当初真是看错了你！”

你愣了一下，随即蹲在地上放声大哭！

（未完待续）

故事中的小启示：及时复习

孩子们，航行的过程中，我们经历了很多美丽的风景，也解决了很多复杂的难题。经历了这么多，我们可能会感觉有点小小的得意。但是，千万不要忘记要从经历中汲取宝贵的经验，并不时地加以回顾，把经历变成能力，变成自己一辈子的财富。在我们学习的过程中，及时复习就是把经历变为能力的金钥匙，它是我们应对未来学习的法宝。

怎么做才是及时复习？不妨读读这首歌谣，也许对你会有所启示。

课堂笔记要整理，当天内容当天清。
作业完成要认真，质量效率都要紧。
发现疑问勤记录，寻找途径弄分明，
每周一次再回首，超越自我无止境！

明天要考试，
你怎么还不复习呀？
复习是什么？没听说过，
没必要！

有空睡一觉，
烦恼全忘掉！
“温故而知新”
懂不懂？
喂，别指望明天
给你抄啊！

都是昨天复习课上的题目……
可是……我没有复习呀！！！
考试中～
求答案
不理……
喂
挡住

没复习，好后悔
今天的题目我都复习到了
是呀！超简单

目标达成度小测试

1. 你怎么对待当天作业？（　　）

A、独立认真完成，遇到不会的主动查资料解决，保质保量完成作业。

B、基本认真完成，作业中不能解决的部分会空着，其他的独立完成。

C、只完成愿意做的部分，其他的作业不愿意完成。

D、看心情完成作业，愿意做的时候才会做作业。

2. 完成老师布置的作业后，你会再自己安排复习吗？（　　）

A、经常会。

B、偶尔会。

C、基本不会。

D、从来不会。

3. 对于复习过程中不能解决的疑问你怎么办？（　　）

A、通过多种途径查资料，不能解决的再去请教老师。

B、与同学一起商讨，尽量找到正确答案。

C、主要依靠网络查资料，能解决最好，不能解决就算了。

D、不去处理疑难问题，不太放在心上。

4. 周末你会进行一周所学内容复习吗？（　　）

A、基本每周都会主动复习。

B、偶尔想起来会主动复习。

C、老师或家长要求才会主动复习。

D、从来不会进行主动复习。

测试规则：A：4 分，B：3 分，C：2 分，D：1 分

测试结果

船长徽章：13~16 分

恭喜你！你有良好的及时复习的习惯。子曰：“温故

而知新，可以为师矣。”你能做到温故知新，所以学习很有成效，在班级一定可以做一位小老师了。

大副徽章：9~12 分

很不错！在学习过程中，你有一定的复习意识，也有一些复习的方法。如果你的复习能更有系统性，将使你大大受益。

水手徽章：5~8 分

请注意！你知道及时复习的重要性，可是还缺少主动性，没能形成习惯。如果能养成良好的复习习惯，会有更大上升空间！

新手徽章：0~4 分

很遗憾！你缺少及时复习的意识，这会给你的学习带来很大的困难。如果你能留意复习，相信你的学习会有明显进步。加油啊！

请把自测后对应的徽章粘贴在相应的表格中。

	第一个月	第二个月	第三个月	第四个月	第五个月
自己评价					
家长评价					

船长密语

如何才能做到科学系统地复习呢？其实一点也不难。不要忘记每天各个学科的课后作业就是我们复习最好的抓手。另外，定期整理错题集，定期整理复习笔记也都是高效的复习方法。

为了使你的复习更加科学系统，你来试着为自己制定每周的复习计划吧！先坚持三周试试成效吧！

第一周：

第二周：

第三周：

坚持了三周下来，你是否发现自己的学习更加得心应手了呢？如果你的复习成果已经初见成效，那么就把它长期地坚持下去吧！

航海日志 第五篇

习惯五：做事专注

由于你面对风暴时反应不够及时，在这次风暴中我们的航船遭受了前所未有的重创：

我们的两个水手被倒下的桅杆砸伤，落下了终身的残疾。我们船上的给养大半被大海吞没，淡水严重缺乏。左船舷受创严重，亟待修补。

面对一片狼藉，你懊悔万分，我知道你在努力改正了。我看到你有空就反复翻阅航海手册，把以前的经验多次咀嚼，并不时在笔记本上记下什么。这一切让我觉得这些损失还算值得。

最近几天你有点心神不定。和你一个房间的水手多次和我说你在睡梦中重复着歌唱一种怪异的曲调，让他夜不能寐。我以为是你学习航海知识太累的缘故，一开始并未放在心上。

直到昨天那水手用手机录下你梦中的吟唱放给我听的时候，我知道大事不好了！那曲调分明是美人鱼受诅咒时所唱的海妖的歌！难道你也受了海妖的诅咒？不可能！海妖的黑魔法只能侵入涣散的灵魂，而你现在的状态是多么让人满意啊！莫非你的专注是一种假象？那你在笔记上记着什么呢？

我开始小心地观察你的举动。你又像往常一样翻看着航海日志，并不时地在笔记本上记着什么。我小心地绕到你的身后，我看到了你在笔记本上勾勒着美人鱼挥动的尾巴，周围溅起了朵朵美丽的浪花……

我的心猛地一紧，可怜的孩子，你已经被海妖的诅咒引入了歧途！

原来那条小美人鱼触动了你的心，让你无法专注，让你的灵魂飘忽涣散，以至于海妖的黑魔法侵入了你的身体！我要想办法解除这可怕的魔咒，否则接下来的事情会更加可怕！

（未完待续）

故事中的小启示：**做事专注**

孩子们，做事专注是我们的“防护盾”。故事中你的精神涣散让海妖魔咒有机可乘，侵入了你的身体。在学习过程中，专注的态度也能帮助我们抵制一切不良习惯的侵扰。“态度决定一切”，这句话说来还真有些道理！

如何做到做事专注？不妨读读这首歌谣，也许对你会有所启示。

做事之前要思考，头绪理清再行动。
做事尽量不分心，牢记一心不二用。
遇到难关想办法，得过且过定落空。
集中精力不分神，效率提升大成功。

早晨7:00
今天一定要
努力做作业了
上午10:30
可爱的
小鸟鸟
下午1:00
休息会再
做作业
傍晚5:00
吃点零食再
做作业吧
晚上10:30
终于完成了
都没休息过

早晨 7:00
我要努力做作业哦!
上午 10:30
完成啦!放松一下!
下午 1:00
傍晚 5:00
晚上 10:30
多么丰富美妙的一天啊!

目标达成度小测试

1. 你完成作业时的状态是：（　　）

A、一边看电视吃零食或听音乐，一边写作业。

B、很不情愿写作业，经常发呆。

C、一心完成作业，但是总会注意外面的动静。

D、一心写作业，不会被外物打扰。

2. 面对一件对你来说很复杂的事情，你会怎么做？（　　）

A、觉得太费力，干脆放弃。

B、硬着头皮糊弄去完成。

C、会大胆去做，但经常在中途发现问题，最后结果不理想。

D、做之前会考虑可能遇到的问题，想好解决方法再动手。

3. 你什么时候能做到专注投入？（　　）

A、基本没有。

B、做自己感兴趣的事情的时候。

C、上课写作业和考试的时候。

D、做自己想做的事和必须要做的事的时候。

4. 你有没有去培养自己的专注品质？（　　）

A、从来没有。

B、曾经有，后来放弃了。

C、经常会注意，但总坚持不长。

D、知道专注的重要性，所以时刻注意。

测试规则：A：1分，B：2分，C：3分，D：4分

测试结果

船长徽章：13~16分

恭喜你！你是一个做事专注的人。你知道做事

专注的意义和价值，并让这种品质在实际生活和学习过程中发挥积极作用。你真棒！

大副徽章：9~12 分

很不错！你知道做事的重要性，多数情况你也做得很好。如果你再能克服偶尔的偷懒思想，那将会使你大大受益。试试吧！

水手徽章：5~8 分

请注意！你做事学习还不够用心专注啊，所以学习效率不高。踏踏实实专注用心面对一切任务，你很快会尝到甜头的。努力啊！

新手徽章：0~4 分

很遗憾！你做事的态度首先要端正啊！专注用心不仅会给你的学习带来很大的好处，也会使你在生活中做事的时候得心应手。加油啊！

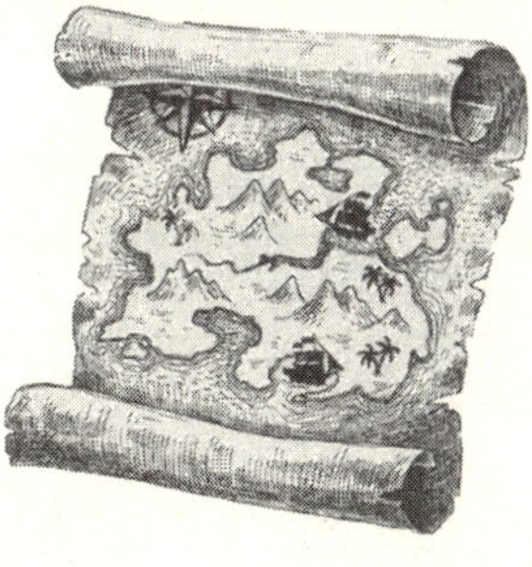

请把自测后对应的徽章粘贴在相应的表格中。

	第一个月	第二个月	第三个月	第四个月	第五个月
自己评价					
家长评价					

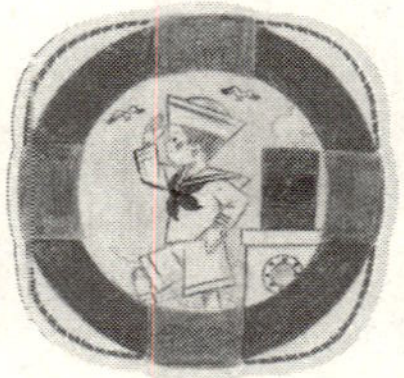

船长密语

培养做事专注的习惯，可以从认真听讲做起，也可以从做作业不分心做起。如果你能够连续一周坚持专注地去做好其中的一件事，这就是成功的开始！

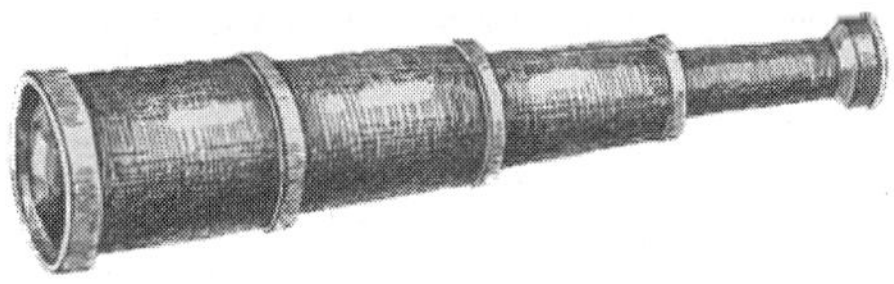

这一周，我打算专注地去上好每一堂课 / 用心写好每一天的作业（自己选做一件事，如果两样都选，那我可真佩服你了！）

周一的专注程度自我评分：________（10分制）

还有哪里可以做得更好：____________________

____

____

____

周二的专注程度自我评分：________（10分制）

还有哪里可以做得更好：____________________

____

____

____

周三的专注程度自我评分：________（10 分制）

还有哪里可以做得更好：________________

____

____

____

周四的专注程度自我评分：________（10 分制）

还有哪里可以做得更好：________________

____

____

____

周五的专注程度自我评分：________（10 分制）

还有哪里可以做得更好：________________

____

____

____

周末的专注程度自我评分：________（10 分制）

还有哪里可以做得更好：________________________

____

____

____

坚持一周下来，你是否发现自己在学习中更有信心了呢？如果你的专注用心成果已经初见成效，那么就把它长期地坚持下去吧！

航海日志 第六篇

习惯六：善于记忆

如果不解除海妖的魔咒接下来要发生的事情极其可怕！你的身体会先急剧膨胀、变圆，之后又会像泄了气的皮球，好像被抽干了肌肉。之后，你的灵魂也会被它剥夺，你不再讲话，不再聆听，不再观赏……完全变成一个空壳人！

好在水手及时发现，现在的你除了精神恍惚还没发生其他的变化。我找到了老船长留下的日志，希望能从中找到应对海妖黑暗魔咒的方法。

翻到了第 222 页，我终于松了一口气。这里提到了 46 年前，老船长解救一个同样被海妖魔咒困住的水手的事。要解除这种令人失心的魔咒，必须要去迷茫岛上寻找一种叫“记忆之灵”的水草。好心的老船长还在下面画了一张地图，准确地说是大迷宫，好一个让人迷茫的迷茫岛啊！但是，为了挽救你这年轻的生命，再难我们也要闯一闯！

挑来选去，我选中了“小机灵”这个水手和我一起划着皮艇上岛。“小机灵”最大的本事就是记忆力极好，他很会用各种奇特的方法记住想要记住的东西。出发前，他一个人把迷茫岛的地图研究了半天，直到他信心满满地告诉我“可以了”，我们才把船驶到迷茫岛附近放下小皮艇。

乘上皮艇，我才发现貌似近在咫尺的迷茫岛却是如此让人迷茫！海水如凝固了一般，我们用尽全身力气，皮艇却几乎纹丝不动！真是见鬼了！我仔细察看了一下，这里的海水密度极大，以至于一些海底的碎石都悬浮在水中。

“船长，我们干脆推着船，游过去吧！”“小机灵”终于沉不住气了。

“也好！这里的海水浮力大，基本不用力气游泳，我们只要往前划水就可以了。”说完，我们两人就跳入了冰冷的海水中。

上了岛后才发现这里根本没有路，老船长的地图似乎一下子失去了作用。“小机灵”皱起眉头警惕地到处观察，忽然他兴奋地喊道："看！鹰形的礁石，地图上第三个入口旁边有这样一个标志！"我心里一阵激动，好个"小机灵"！我看地图的时候只看第几个入口，却没注意记入口的标志。他接着说："我们应该从第四个入口进入，绕到岛中湖的对岸，在湖和海的交界处就长着那种水草！"我一下子也清醒了，"就是说我们走过鹰形石，下一个入口就是我们要找的路！"

目标清楚了，我们加快了前进的脚步，我似乎看到了解救你的一丝希望……

（未完待续）

故事中的小启示：善于记忆

孩子们，记忆存储是我们的大仓库。只有贮备充足，我们才能轻松应对成长过程中遇到的各种困难。我知道很多人感觉记忆的过程是枯燥无味的，让我们像“小机灵”一样，寻找记忆的秘诀，让记忆的过程生动起来。

如何养成良好的记忆习惯？不妨读读这首歌谣，也许对你会有所启示。

记忆目标要明确，记忆内容先理解。
分解难度逐步记，不着急也不放弃。
谐音联想找窍门，复杂内容变容易。
及时复习来巩固，温故知新勤记忆。

father,
pounds,
rose……
奇迹……
0分的天天居然把刚学的单词全部读出来了
天天今天太厉害了！你是用了什么高效的记忆方法呢？
嘿—

目标达成度小测试

1. 在完成背诵任务的过程中，你会：（ ）

A、明确背诵的内容，在理解的基础上背诵。

B、死记硬背，不去思考，背下来就行。

C、背诵太难了，经常背到一半就放弃了。

D、实在背不下来，干脆不做背诵作业。

2. 对待背诵作业，你有有效的方法吗？（ ）

A、有适合自己的有效方法。

B、有方法，但有时效果不太好。

C、想过方法但都不管用。

D、没有任何好的背诵方法。

3. 对待曾经背诵过的内容，你会复习巩固吗？（ ）

A、会定期及时进行复习。

B、有时会进行复习。

我的英语超强无敌
瞬间记忆秘密是
……
围观中
……

father（发达）
pounds（胖子）
rose（肉丝）
我果然很厉害
坑啊
嘿！
哈

C、考前才会复习。

D、不会主动进行复习。

4. 对记下来的内容进行落实的时候，你的结果是：（　　）

A、基本能对背诵材料准确掌握。

B、大致内容记得，但总会有一些细节错误。

C、只有做到部分写出来，很多内容不能落实到笔头。

D、默写效果很不好，大部分内容无法呈现。

测试规则：A：4 分，B：3 分，C：2 分，D：1 分

测试结果

船长徽章：13~16 分

恭喜你！你是一个有良好记忆习惯的同学。你懂得记忆的规律，注重记忆的方法，这对你的

学习很有帮助。保持下去啊！

大副徽章：9~12 分

很不错！你是一个基本拥有记忆习惯的同学。但还不够懂得记忆的规律，不太注重记忆的方法，如果能加强训练，会有更好的学习效果。

水手徽章：5~8 分

请注意！你并不很注重记忆习惯的培养，但你已经运用了一些记忆的方法，只是你还不知道。如果你能有意识地注重对自己记忆习惯的培养，你会发现你有很大的进步空间！

新手徽章：0~4 分

很遗憾！你还没有养成良好的记忆习惯，这会给你的学习带来很大的困难，一定要努力克服啊！加油啊！

请把自测后对应的徽章粘贴在相应的表格中。

	第一个月	第二个月	第三个月	第四个月	第五个月
自己评价					
家长评价					

船长密语

孩子们，其实有很多人为我们总结了一些关于如何快速记忆的小窍门。例如：语文学科的理解性记忆法，英语单词的词缀记忆法、谐音记忆法，历史学科的朝代歌谣等……只要善于总结，你就会得到一些有利于自己记忆的法宝。

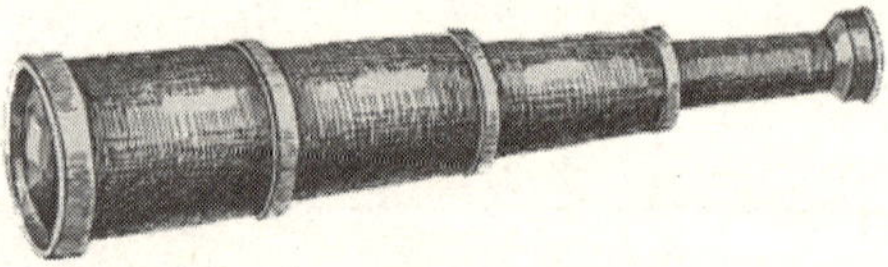

总结一下，你自己有什么好的记忆方法，和我们来分享啊！

向好朋友讨教一下他有什么好的记忆方法，你也用来尝试一下。

买一本关于记忆方法的书籍，把你最重要的心得写在下面，以备不时之需。

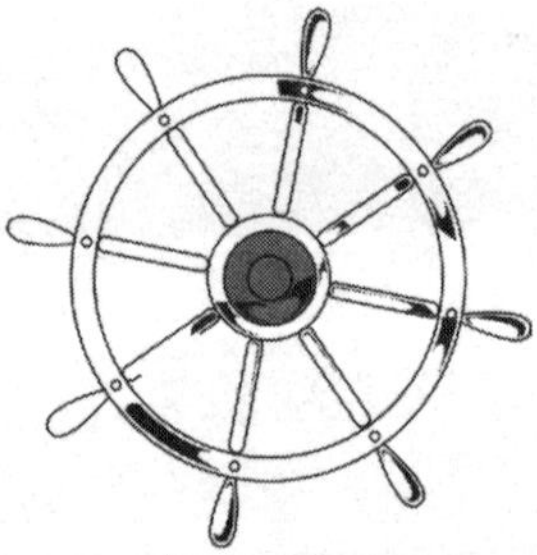

航海日志 第七篇

习惯七：习惯阅读

在累得快倒下之前我们终于来到了“记忆之灵”的生长之地。可是面对着这种奇特的水草，我们却不知如何是好。世界上还真的有这么奇特的生命。这种水草只能生长在淡水和咸水的融汇处，根系不发达，但是叶片巨大。一片片巨叶仿佛一张张大报纸飘荡在水面上。叶片上的叶脉交错纵横，仿佛是古老部落里神秘的图腾，又好像一种奇特的文字。

“船长，我数了一下，一共只有六片成形的叶片，我们要都带走吗？”“小机灵”问。

“为了保险起见，我们尽量多摘一些，免得再跑一趟。”

“可是如此巨大又脆弱的叶片，我们要用什么方法才能把它们完好无损地带到船上呢？”这次“小机灵”可被难住了：像卷报纸一样吧，担心会把叶片折断；平铺着拿又缺少装载工具。这可怎么办啊？这时,一阵风吹来,巨大的叶片像小船一样在水面荡漾！“船长，有办法了！我干脆跳下水去把叶柄剪断，推到对岸，你就在对岸用橡皮艇接应我好了！”

我和“小机灵”终于把叶片带到了皮艇上，阳光直射到巨大的叶片上，叶片上的叶脉仿佛是融化了的冰，不停地变化着形状。最后，竟然形成了一个个依稀可辨的文字！我简直被这种神奇的生命惊呆了！

不敢耽搁太久，我们俩匆匆赶回船上，把“记忆之灵”的叶子抬到了你的面前。你正泪眼婆娑地在笔记上勾勒出美人鱼的眼泪，全然不顾我们的到来。我一把抢过你的笔记，你不由地惊呼一声，继而似乎大梦初醒般满是歉意地站起来：“船长，我一定要好好研读航行手册，你让我再学一会。”“傻孩子，你竟然都不知道自己在做什么。”我的心里一阵难过。

“小机灵”把“记忆之灵”的叶片放到你的面前，说实话，当时我也不知道是该让你吃了它们还是该把它们捣碎给你外敷。正在我万般为难之时，让我意想不到的事发生了。

叶片发出了银色的微光，汇成两道光柱射入你的双眼。你如着迷了一样跪在了叶片旁边，口中念念有词地念叨着叶片上的文字。我仔细聆听，那上面写的竟然是一个个古老的传说：女娲补天、夸父逐日、精卫填海……炎黄的血脉在故事中流淌，你此时忘记了一切，专注于阅读之中。

我的心渐渐放下了，阅读中你重获了专注，你的魂回来了！慢慢地，在文字中你读到了你在“蜂巢”的经历，你再次听到了那歌声，看到了被海妖魔咒折磨的美人鱼，你的泪流了下来……

那一刻，我知道，你已经冲破了魔咒的蛊惑！

（未完待续）

故事中的小启示：**习惯阅读**

书籍就是我们的“记忆之灵”，阅读的过程让我们获得了智慧和灵魂。每读完一本好书，我们就完成了一次对人类智慧的传承，也是我们对自我的一种反思。

如何培养阅读习惯？不妨读读这首歌谣，也许对你会有所启示。

开卷有益记在心，读书万卷行万里。
根据教材选书籍，优秀作品先读起。
信息筛选很重要，阅读过程多寻思。
合上书本再咀嚼，书籍让我永受益。

《三国演义》
语文课刚学了
片段，我要多读读
什么书那么好看？
三国演义
全集

这本书的内容与
上课的内容根本无关吧！
那我也要多读读呢！
三国演义
「Q版三国」
爆笑漫画

看书怎么还记笔记？
这样才记得牢，有帮助！
「Q版三国
我也要记笔记
*@#…
气
Q版三
笑话……
笑话2
你怎么还不明白！

目标达成度小测试

1．你每天会阅读课外读物吗？（　　）

A、几乎不读。

B、偶尔有感兴趣的书会去读读。

C、老师要求了才会读。

D、几乎每天都要阅读一些感兴趣的读物。

2．你会读一些什么内容的课外读物？（　　）

A、全凭临时兴趣。

B、老师要求什么读什么。

C、和现阶段学习有关的内容。

D、阅读内容较广。

3．对于读过的书，你能够做到：（　　）

A、能记住的内容很少。

B、会记住一些零碎的片段。

C、会记住一些有趣的情节。

D、能讲出该书的主要内容。

4. 你认为阅读对你生活的意义是：（　　）

A、认为阅读可有可无。

B、认为读书有利于写作文，能提高语文成绩。

C、认为读点书可以增长知识。

D、把阅读看成是生活中不可缺少的组成部分。

测试规则：A：1分，B：2分，C：3分，D：4分

测试结果

船长徽章：13~16分

恭喜你！你有良好的阅读习惯，同时也十分善于阅读，热爱阅读。这对你的学习乃至你的人生很有积极意义。

大副徽章：9~12 分

很不错！你有相当不错的阅读意识，在读书时能够基本做到注意力集中，认真投入。如果能在阅读时多一点自己的思考，你会有更大的收获。

水手徽章：5~8 分

请注意！你知道阅读是学习中不可缺少的一部分，平时也会读一点书，可是还不够用心。如果能把精力更多地投入到阅读上，你会发现有更大的收益！

新手徽章：0~4 分

很遗憾！你暂时还没有养成阅读习惯，这会很大地限制你的眼界和思维。如果你能试着多去翻看一些书籍，你就会发现书里其实乐趣无穷！

请把自测后对应的徽章粘贴在相应的表格中。

	第一个月	第二个月	第三个月	第四个月	第五个月
自己评价					
家长评价					

船长密语

相对于其他习惯，你们肯定认为阅读习惯是最容易培养的。可能还有好多孩子要说：“我已经读了好多书，早就养成阅读的习惯了！”可是，在学生时代，并不是只要经常读书就是有良好的阅读习惯。我们还必须学会有选择地读，读一些对自己现阶段成长有益的书。例如：一些武打言情小说就可以少读，一些有内涵有知识含量的书可以多读。套用冰心的一句话：读书好，好读书，读好书。

现在，请你为自己列一个读书计划吧，想想本学期你想读哪本好书：

读了这本书后，你收获了些什么？

你还打算读哪些书？给自己列一个读书计划吧！

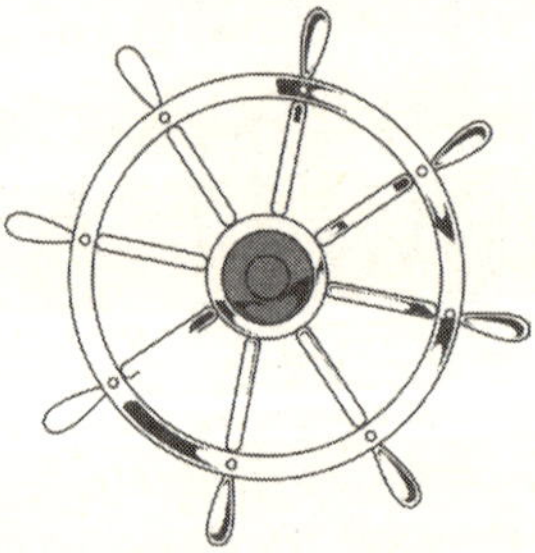

航海日志 第八篇

习惯八：学会观察

震惊！震惊！

我们竟然会在这里发现沉没的海盗船残骸！

这还要感谢你，大副（经过诸多磨练，你已经升为了大副）。自从解除了海妖的魔咒，你进步迅速。凭借你的专注、勤奋和努力，在我生病期间，全体船员决定让你作为代理船长，你没有让大家失望。

那天，你像往常一样在船长室引领着航程，还不时拿望远镜向远处眺望，以确保航船的顺利行驶。望着平静的海面，你心里有一丝异样，总觉得不远处的大海貌似平静，却有点说不出的异常。

你仔细地观察视线能看到的海域，发现有一处海水的颜色似乎略微发暗，海面上不时出现一个个漩涡，平静的水面下一定是暗流涌动。

海面可见的鱼群也比别处略多一些。这里没有暖流交汇，莫非海面下隐藏着什么？你把所见的情况和我交流，我一时也难以判断水面下到底隐藏着什么。

不愿放过每一个精彩细节的你及时通知全船向目标靠近，放下潜艇和潜水员去一探究竟。

十米，三十米，五十米……潜艇终于下到了海床，得以发现真相。

随着潜艇的浮出，他们带来了令人震惊的消息：我们脚下的海底，有一艘古老的沉船！这艘船的船身保存完好，从锈迹来看，应该距今有百年的时间了！

到底是哪里来的大船？

总之，这是一个重大的发现，有太多的惊喜可能会出现在这艘沉船里，这一切都要感谢你细心留意的观察。

（未完待续）

故事中的小启示：学会观察

如果没有“你”细致入微的观察，我们不可能发现海底的沉船。不懂观察，得过且过，我们就可能会错过很多的精彩瞬间。在学习过程中，良好的观察习惯会帮助我们明辨是非，洞察世界，发现意想不到的惊喜。

如何学会观察？不妨读读这首歌谣，也许对你会有所启示。

留意身边人和事，阅读新闻和报纸。
有所感触记下来，观察笔记随手理。
对待事物有看法，观点本无好与差。
改变立场换角度，于平淡处见新意。

没事看看新闻
了解天下大事
你都看了一天报纸了，
来一起玩会儿吧！
新闻天下事
专
心

看！上海迪士尼
就要开园了！
啊？
……
你怎么知道的？
?
?
?
上海迪士尼

你不读书不看报，成天
就知道瞎胡闹！
能不能也了解一些我们
身边的事情呀……
…… ……
省略500字
唐僧
附体咩？

如何是好？
SOS
身边事……快看！
我们周围有只蜜蜂哎！
飘落

目标达成度小测试

1. 你会关注周围的人和事的变化吗？（　　）

A、不特别关注，基本不太在意。

B、只关注特别明显的一些变化。

C、会关注比较在乎的人和事。

D、会留意观察，对周围变化很敏感。

2. 面对有感触的事物，你会：（　　）

A、看过就忘，没什么特别。

B、很少思考，就当看热闹。

C、会去思考，但不会记录。

D、经常记下，用心去思考。

3. 对你注意到的事，你会有自己的看法吗？（　　）

A、不会有。

B、偶尔会有。

C、经常会有。

D、基本都会有。

4. 当你的观点和别人观点不同时，你怎么办？（　　）

A、不太在意，也不去理会别人的看法。

B、非常气愤，努力说服对方。

C、保留观点，理解对方，求同存异。

D、认真考虑，合理判断，寻求最佳的观点。

测试规则：A：1分，B：2分，C：3分，D：4分

测试结果

船长徽章：13~16分

恭喜你！你是一个有良好观察习惯的人。对事物你会留意观察并思考，最终让你成为一个有思想的人。

大副徽章：9~12 分

很不错！你能够经常观察周围事物，这使你大大受益。但你观察事物的时候还不够深入，如果你能更进一步注重细节加以推敲，你会更棒！

水手徽章：5~8 分

你能做到观察，但却不能深入思考，从而得出自己的看法。如果能在观察的基础上多做思考，会对你大有益处！

新手徽章：0~4 分

你还不具备良好的观察意识。其实，我们周围有好多有意思的事情，千万不要错过啊！

你来试试吧，坚持写一周的观察日记，字数不在多少，说不定你会爱上这种生活方式的。

第一天：

第二天：

第三天：

第四天：

第五天：

第六天：

一周小结：

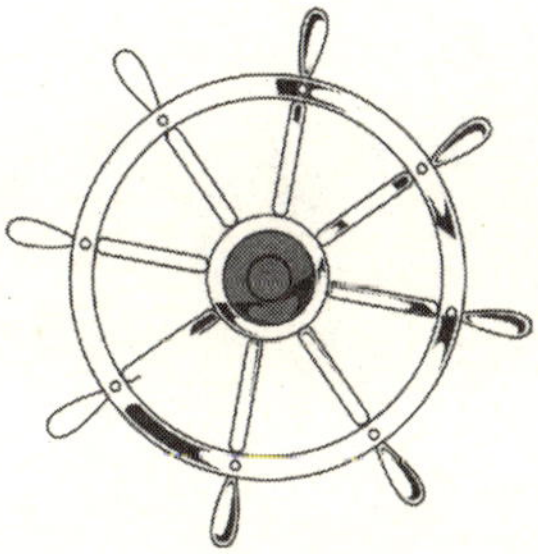

航海日志 第九篇

习惯九：敢于表达

我们几个潜水能力好的水手纷纷出动，到海底沉船中去一探究竟。你叮嘱他们要尽量带一些线索性的物件上来。船上的每个人的心都在怦怦直跳，有紧张急迫，更有期盼和希望。

不知过了多久，快用完氧气的潜水员陆续回到船上。我们来看看他们的收获吧！一个发黑的头骨，上面的一颗金牙还在闪闪发亮；一本航海地图，由于海水的长期侵蚀，已经无法分辨内容；几把护身的短枪，已经生锈磨损……实在找不到什么有价值的东西来判断这艘船的身份。我拖着虚弱的身体从休息室走出来，让你们根据眼前的几样东西来判断这艘船的来路。大家面面相觑，欲言又止，似乎都觉得自己没有底气发言。

你有点失望地说："从短枪来看，这船没有悠久的历史，也许我们没必要再花费人力物力下海打捞了。”

这时候，“小机灵”终于忍不住说话了，虽然声音很小，但是却异常清晰。

“这是一艘海盗船！”这样一句话传到了我们每个人的耳朵里。

“你敢确定吗？”你略有不服气地问道。

“一般的船上不会有短枪，这一定不是一艘渔船。再看这个头骨，牙齿几乎全被腐蚀，只有一颗金牙保存完好，这说明这个人是长期生活在海上，缺少新鲜食物和饮用水所致，很符合海盗的生活方式。再观察头骨的颜色，暗黑色的骨头是中毒死亡的标志，我敢肯定这艘船上出现了内讧，一部分海盗毒死另一部分人后，带着财物弃船逃跑了！”“小机灵”越分析越有信心。

他的一番话使我们信服，我们似乎看到了当年海盗船上激烈交战的一幕。到底是什么引发了这场内讧呢？强烈的好奇心最后让我们下定决心，再次下海一探究竟。

（未完待续）

故事中的小启示：**敢于表达**

如果没有“小机灵”的“这是一艘海盗船”的断言，估计就不会有我们下面的故事了！在这里，他成了故事的引领者。敢于表达可以让我们和周围的一切友好相处，甚至会影响周围人和事的发展方向，起到至关重要的作用。你想成为生活的引领者吗？试着去大胆表达自己的想法吧！

如何养成敢于表达的习惯？不妨读读这首歌谣，也许对你会有所启示。

多和父母做交流，事事处处沟通勤。
若有机会多表达，想法清楚说内心。
用词得当表述清，肢体表情配合准。
要想自己被关注，敢于表达最要紧！

「班长竞选大赛」
班长竞选又开始了，好期待哦！
好，
「班长竞选大赛」
其实
像我这么优秀，也一定能当上班长的吧！

老师
还有谁要参加竞选的吗？
敢于表达，不要错过机会哦！
我一紧张就忘词，
一忘词就结巴，一结
巴就…… 怎么办……
（理由真多）

又一次错失了机会……
曾经有一次机会出现
在我的面前……

目标达成度小测试

1. 平时你会和父母交谈些什么？（　　）

A、很少交流，觉得无话可说。

B、他们问我什么，我回答什么。

C、遇到一些我感兴趣的话题，我会和他们聊聊。

D、每天和父母聊天是我的一个习惯，我愿意让父母了解我的生活。

2. 有公开发言的机会，你会：（　　）

A、恨不得躲起来，生怕自己被迫发言。

B、不会主动表现，但被动参与也不推辞。

C、又想去参与，但没有足够的胆量，每次都很矛盾。

D、乐于参与，很享受在公开场合表现自己的过程。

3. 在和同学聊天时，你的角色是：（　　）

A、可有可无者。

B、聆听者。

C、积极表达者。

D、聊天主导者。

4. 你认为交流的意义是什么？（　　）

A、没思考过。

B、孤独的时候可以摆脱寂寞。

C、可以表现自我，实现自我的价值。

D、是人的一种必要的存在方式。

测试规则：A：1分，B：2分，C：3分，D：4分

测试结果

船长徽章：13~16 分

恭喜你！你是一个有良好交流习惯，敢于表达、

善于表达的人。因此，你的人际关系良好和谐。

大副徽章：9~12 分

很不错！你懂得如何交流，这将使你大大受益。

水手徽章：5~8 分

还可以！你知道交流的重要性，可是缺少信心和勇气。如果能勇敢地表达自己，参与交流，你会发现一个更优秀的自己！

新手徽章：0~4 分

很遗憾！你内向，不善表达，不愿意交流。这会把自己封闭在一个窄小的世界里。勇敢一些，做一个不害怕说话的人！

请把自测后对应的徽章粘贴在相应的表格中。

	第一个月	第二个月	第三个月	第四个月	第五个月
自己评价					
家长评价					

船长密语

学会交流先要克服害羞心理。孩子们，说出真心话是一件多么美好的事情！发自内心的话语不仅会打开你自己的心扉，也会叩开他人的心扉，让更多的人了解你，接受你，喜欢你，甚至尊敬你。交流，就从身边人开始吧！

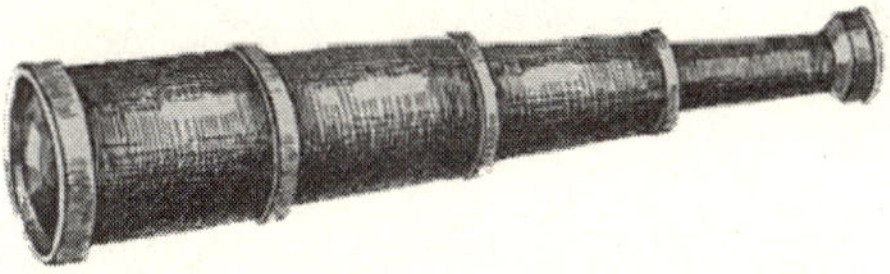

一直以来，你是否有对父母、老师、同学等想说而又憋在心里没有说的话呢？勇敢地把它写出来，准备好后再大声地把它说出来！

爸爸妈妈：

老师：

同学：

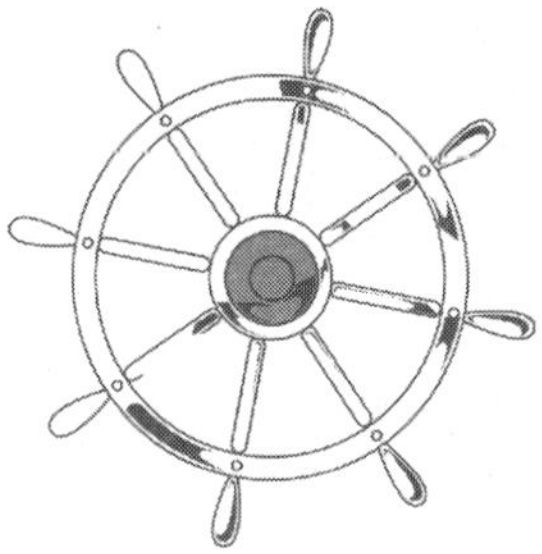

航海日志 第十篇

习惯十：正确书写

潜水员们带好装备再次潜水海底，留在船上的我们内心紧张而焦急，希望他们会有所发现，又担心他们会遇到危险。随着他们进入沉船，一大群寄居在里面的鱼一下子蜂拥而出，像一股斑斓的烟雾，看得我们目眩神迷。

半个小时过去了，水下竟然毫无动静，他们的氧气只能维持四十五分钟，我的心里焦急万分。四十分钟过去了，终于一个潜水员钻出了水面！他拿出呼吸管，大口大口地喘着粗气，满是遗憾地说：“我们仔细搜寻,可是……可是除了生锈的日常用品和尸骸，什么有价值的东西也没有。”说话间，其他几个潜水员也陆续地回到了船上。

我清点了一下人数，怎么少了一个人？！“小机灵”还没回到船上，他的氧气已经快用完了！

大家顿时紧张起来。几乎屏住了呼吸，双眼紧紧盯着海面，生怕错过任何动静。

忽然水中伸出一只手！

“‘小机灵’！快！放下缆绳！拉他上来！”大家纷纷急呼。

那只手抓住了缆绳，接着“小机灵”的头露出了水面，他大口大口地喘着粗气，另一只手上还拿着一些东西。

我们七手八脚地把他拉了上来。他的脸色苍白，双唇发紫，明显是缺氧导致的。我怀疑他的头痛得厉害，没想到他却兴奋地笑着，挥了挥手里的东西对我高呼：“船长，我找到了他们的航海日志！”

这个消息让我们都兴奋了起来！

我带着你和“小机灵”回到船长室，小心地打开羊皮纸，看到了保存较好的航海日志。我的手微微发抖，你和“小机灵”满是期待。翻开日志的第一页，我们所有的希望瞬间化为泡影，这日志是谁写的？会写字吗？估计他写的字连他自己都无法辨认！我心里忍不住骂了一句："没文化的臭海盗！怎么没到扫盲班练练正确书写啊！"

（未完待续）

故事中的小启示：**正确书写**

我们的字是我们的第二张脸，部分地体现着我们的文化素养，也是我们和世界沟通的又一大桥梁。我们无法决定我们的长相，但我们有机会塑造自己的字迹。改变自己，首先从写一手好字开始吧！

怎样做到正确书写？不妨读读这首歌谣，也许对你会有所启示。

写字姿势要正确，身体端正背不驼。
学会书写毛笔字，中华瑰宝要传播。
练字作业巧结合，字迹工整不涂抹。
好字就如一张脸，干净整洁赞声多。

校长
作文比赛获得第一名的是：
小阳同学

校长
获得第二名的是：白……
白……白肚皮同学……
叫错了，校长
好奇怪的名字
姓名：白胆皮
哈哈哈

我的名字是白月坡啊！
白月坡≠白肚皮
字太丑
哈哈哈哈哈哈哈哈哈哈哈

从此以后
今天开始
我一定好好
练字！
Hi，白肚皮～
气死我了！

目标达成度小测试

1. 平时你会注意书写的姿势吗？（　　）

A、不会。

B、有人提醒了就会注意。

C、自己有时候会注意。

D、一直都保持正确的书写姿势。

2. 你会写毛笔字吗？(　　)

A、不会。

B、上课时写过，但写得不好。

C、曾经练过，但半途而废。

D、一直坚持学，写得比较好。

3. 你对待作业字迹书写的态度是：（　　）

A、只求速度快，不太注意字迹是否工整。

B、除非老师要求字迹工整，否则不会注意。

C、多数时候书写比较认真工整。

D、坚持用比较工整的字迹完成作业。

4. 你写不同学科的作业时，是否会注意不同的格式要求？（　　）

A、不会。

B、老师特别强调格式要求的时候，会注意。

C、时间不太紧张会注意格式要求。

D、一直都很注意作业格式，认为这个很重要。

测试规则：A：1分，B：2分，C：3分，D：4分

测试结果

船长徽章：13~16分

你是一个有良好书写习惯的人，周围的人都很羡慕你，你也会因为你漂亮的字迹经常得到别人的夸奖。你的学习会因此受益。

大副徽章：9~12 分

你知道书写的重要性，但还不够重视书写的美观。如果加以练习，加以重视，你的字还可以写得更好。加油啊！

水手徽章：5~8 分

你对待书写问题还不够重视，你也没有在书写上下过功夫。其实良好的书写习惯会让你大大受益，不信你试试！

新手徽章：0~4 分

你的书写习惯还有待加强啊！因为不整洁的书写你已经深受其害。家长、老师、同学一定都抱怨过你的书写。你可要加油了！

请把自测后对应的徽章粘贴在相应的表格中。

	第一个月	第二个月	第三个月	第四个月	第五个月
自己评价					
家长评价					

船长密语

要想书写美观整洁，最好的办法是购买一本好的字帖，准备一个练字本，坚持从楷书学起，每天认真练习 1—2 页，只要每天进步一点点，写好汉字并不难！试试吧！

航海日志 第十一篇

习惯十一：学会质疑

这本奇葩航海日志让我们失望至极，同时我也决定以后全体船员必须练习书写这项技能。正在我打算把这本“天书” 扔在角落的时候，一张薄薄的纸片从里面滑落出来。

一张地图！一张海盗的地图！

仔细查看这张地图，我的眉头越锁越紧。真是狡猾的家伙！两条明显的路线一黑一红，指向两个相反的方向！到底哪个是真？我也不能料定。

“我觉得按红色的路线走就会发现海盗的秘密，”“小机灵”首先开口说道，“你们看！红色的路线把沿途重要的标志非常详细地标出来，而黑色的路线只标出了几个地点，明显只是为了迷惑外人！”经过了几次出色的表现，“小机灵”越来越有自信了。

沉默了一会，你果断地说道："我觉得黑色的路线是正确的。红色路线标得越详细，越说明是海盗在故弄玄虚，让人误入歧途。而且你们看，红色路线最终的目标是在极寒的海面上，料想没有谁会把重要的物品放在极寒的海域，给自己增加不必要的麻烦。而黑色的路线虽然标记不多，但却标注得极清楚，完全可以引领航行。而且黑色路线的终点是在一个温带小岛上，适宜人类活动，方便中转。一定是这条路线！"

"小机灵"想了一会，对你肯定地点了点头，我也欣慰地笑了，沉默了好久的你终于敢于质疑，敢于发表自己的看法，敢于勇敢地表达自己了！

"前进号"全体船员调转航向，按照海盗地图的黑色路线，开始我们的发现之旅！

（未完待续）

故事中的小启示：学会质疑

我们的每一个问题都可能是一把钥匙，可以打开一个个难题构成的锁。故事中你的大胆质疑为大家破解了谜团，明确了前进的方向。学习生活中，学会质疑的我们会变成知识宝库的主人，手上拿着一串串钥匙，随时可以打开知识宝库的大门。

那么，如何质疑？不妨读读这首歌谣，也许对你会有所启示。

独立思考不盲从，万事问个为什么。
敢于刨根问到底，为求真理不附和。
自己想法不执拗，理性判断勤琢磨。
随着疑问被解决，生活乐趣更加多。

没啥问题可以讨论的，真麻烦……
你怎么这么缺乏质疑精神！怪不得被老师批评！
上课讨论中……

语文：不明白的问题，为什么不问！？
磅
英语：为什么不问？
……
数学：为什么不问！
踢
物理
为什么不问不问不问
……
回想起来，都是痛。好吧，让你们看看我的厉害！

我在否定课本，勇敢质疑。
你在干什么呀？

质疑不是胡乱否定，要有理有据……
好吧，我会改正的~

目标达成度小测试

1. 你认为勇于质疑的好处是：（　　）

A、没思考过。

B、可以让别人了解自己。

C、可以表现自己，让自己受关注。

D、可以获得更多的宝贵经验，完善自己。

2. 当大家在课堂上讨论问题时，你会：（　　）

A、不去思考，让别人说就行了。

B、大多数人的意见就是我的意见。

C、偶尔会有自己的意见，但不愿意说。

D、大多数时候会有自己独立思考的意见。

3. 当你的看法被别人质疑时，你会：（　　）

A、轻易就放弃自己的想法。

B、充分阐释自己的理由，坚持自己的看法。

C、听取他人意见，质疑求证，完善自己的看法。

D、综合大家意见，互相讨论，达成合理看法。

4. 当你的看法几次被别人否定后，你会：（　　）

A、感到很有挫败感，不愿再与他人讨论。

B、不再发言，只听别人讨论。

C、听取他人意见，完善自己看法。

D、综合大家意见，达成合理看法。

测试规则：A：1 分，B：2 分，C：3 分，D：4 分

测试结果

船长徽章：13~16 分

你是一个敢于质疑善于思考的人，你对自己很有信心，面对不同的声音敢于发表独立的见解，你的学习会因此大大受益。

大副徽章：9~12 分

你有敢于质疑的良好习惯，如果能在质疑的过程中不断吸收内化他人合理的想法，你会更优秀！

水手徽章：5~8 分

你知道思考质疑的重要性，可是不能把思考、质疑的想法化为行动。主要原因是你对自己的想法不够自信。你要相信自己啊！

新手徽章：0~4 分

你的思考、质疑习惯还有待培养啊！加油啊！

请把自测后对应的徽章粘贴在相应的表格中。

	第一个月	第二个月	第三个月	第四个月	第五个月
自己评价					
家长评价					

船长密语

其实，勇敢地、恰当地质疑是一件挺难办到的事情。如果钻进牛角尖、偏执地和他人辩论，那不是真正的质疑，而是胡搅蛮缠。如果没疑找疑，牵强发问，也不会激发自己的兴趣。要想锻炼自己的质疑能力，还是要从留意周围的事物开始，遇到特别之处不放过，大胆地说出来，问出来，你就会发现很多的修正完善自己的机会。

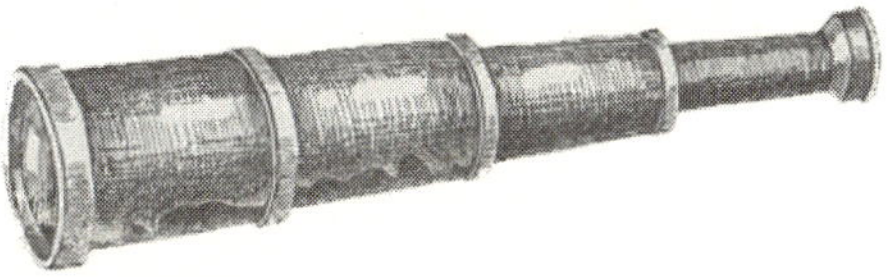

从现在起，争取做到有疑必问。并记录下你一周所质之疑。

1.

2.

3.

4.

5.

6.

7.

回看自己的记录，你觉得哪方面的质疑很有质量？继续保持啊。

航海日志 第十二篇

习惯十二：交流合作

我们按照黑色航线，一路进发。航程中的艰难自不必说，好在我们船上的水手们如今已经个个经验丰富，意志坚强，才使得我们的航船最终抵达了目标小岛。

这是一个植被繁茂的小岛。我们小心地带好武器和干粮踏上了这片未知的土地。这个岛不太大，估计海面稍微升高它就可能会被淹没，真不知道岛上的植被怎么会有这么强的生命力！

走了不到半小时，穿过一片树林，我们看到了一个岛中海，没想到大海竟然这么调皮，把自己身躯无限的缩小后，隐藏在了这样一个小岛上。这个岛中海接近一个足球场的大小，里面竟然有微型的海豚和鲸鱼！！更小的鱼儿不计其数，更让我们惊奇的是，

这个岛上竟然还有 ________________________________

____

____

____

这一幕简直就像在梦境里！（到底是什么呢？你来告诉大家！）

一个水手想去抓一条微型的鲸鱼，被我及时制止，我不想因为我们这批外来的客人，打乱了这个小岛的宁静。走过岛中海，我们看到了屏障一样的小山，在阳光和海水的照耀下，竟然闪着彩虹般的光！

“彩钻矿山！”不知是谁用兴奋的声音喊道。

我们的目光随着声源看去，竟然是他，一个平时不言不语，有点木讷的“小眼镜”！我这才想到水手资料上对他的介绍：父亲从事采矿业，曾在德国担任矿业工程师。看来，到了让他做主的地盘了！

你和“小机灵”不服气地看着“小眼镜”，但当你们看到他极专业地拿出了勘探手册并开始勘查的时候，你们把不服气变成了钦佩，大家不约而同地变成了听命的士兵，等待着“小眼镜”的调遣。

看到这一幕，我的眼睛里噙满了泪水，我真的被你们感动了。眼前的矿山不是真正的宝藏，成长才是你们最大的财富。你们不仅学会了约束自我、展现自我，更学会了互助合作。看来，此次航行，我作为船长的任务已经完成了！未来的路是你们自己的，现在的你们，可以大胆上路了！

（完）

故事中的小启示：交流合作

如果“你”、“小机灵”没能和“小眼镜”合作，那将是多么遗憾的一件事啊！现实中也是如此。成长的过程中，未知的困难就像一道道深沟阻碍了我们前行的脚步。合作交流就像一座座桥梁，把我们从此岸送往彼岸，到达既定的目标。交流合作更是一种修养，一种胸怀，让你的世界变得更加宽广！

如何交流合作？不妨读读这首歌谣，也许对你会有所启示。

不把同学当对手，同在一起是朋友。
合作探究要主动，勇于承担敢出头。
遇到异议可争辩，有理有据就接受。
集合众人小想法，也能发现大智谋。

天天，我来帮你一起制作模型吧！
不用了，谢谢！
（肯定没我做得好）
NoNoNo
我来帮你做飞机的机翼吧！
不用了，谢谢！
（书呆子的动手能力弱爆了吧）

他俩能捣鼓点什么东西出来？哈……
哈
咚
哒
团结就是力量……团结就
几小时后……
这就是所谓的团结合作吗？！
好厉害
哇

目标达成度小测试

1. 你面对困难，无法独立解决的时候，你会怎么办？（　　）

A、很多时候选择放弃。

B 、把问题推给有能力的人解决。

C、有时会找朋友出出主意，然后自己去解决。

D、组织同学，分工合作。

2. 与同学完成合作任务时，你经常是什么角色？（　　）

A、旁观者。

B、服从安排者。

C 、做别人不愿做的事。

D、主动寻找适合自己的工作。

3. 合作伙伴和你出现意见分歧时，你会：（　　）

A、非常生气，觉得别人没有道理。

B、搁置争论，避免冲突。

C、积极争辩，努力说服对方。

D、思考别人意见，大家商讨得出最佳方案。

4. 看到你们的合作成果令人满意时，你会：（　　）

A、觉得自己很棒。

B、觉得合作同伴做得很好。

C、为自己是团队的一分子而骄傲。

D、高兴之余，总结经验，再接再厉。

测试规则：A：1 分，B：2 分，C：3 分，D：4 分

测试结果

船长徽章：13~16 分

你是一个非常善于合作的人。这是成功的人最重要的一项品质。

大副徽章：9~12 分

很不错！你懂得合作，也有自己的看法，这使你大大受益。

水手徽章：5~8 分

你知道合作的重要性，但还不太懂得如何去和别人默契合作，多多观察学习，你会做得更好！

新手徽章：0~4 分

你暂时还不善于和别人合作。要知道众人拾柴火焰高，加油啊！

请把自测后对应的徽章粘贴在相应的表格中。

	第一个月	第二个月	第三个月	第四个月	第五个月
自己评价					
家长评价					

船长密语

孩子们，加强合作，可以先从课间的集体游戏、课堂的小组合作或班级的集体讨论开始！游戏中遵守合作规则，合作时积极配合，讨论时积极表达看法，这一切都是善于合作的表现！你一定行的，加油！

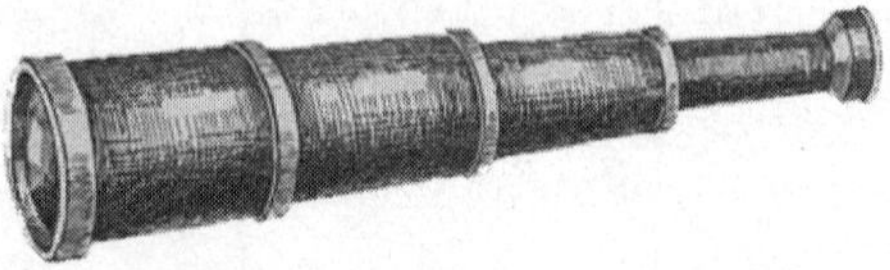

试着记录近一周你在三项活动中与别人合作的表现。

集体游戏：

课堂的小组合作：

班级的集体讨论：

一周总结下来，你觉得自己还有哪些地方可以做得更好？

孩子们，我的航行结束了，而你们的航行才刚刚开始。你们个个肩负着希望，承载着梦想，愿你们从养成一个个好习惯做起，成功地走好自己未来的航程！

图书在版编目（CIP）数据

航海大冒险：我的好习惯修炼手册 / 明德璋编著.
-- 上海：东方出版中心, 2016.8
ISBN 978-7-5473-0991-9

Ⅰ. ①航… Ⅱ. ①明… Ⅲ. ①习惯性-能力培养-青少年读物 Ⅳ. ①B842.6-49

中国版本图书馆CIP数据核字(2016)第161213号

责任编辑 丁国生
封面设计 黄佳菁
内文设计 李 娜

航海大冒险
我的好习惯修炼手册

出版发行：东方出版中心
地　　址：上海市仙霞路345 号
电　　话：021-62417400
邮政编码：200336
经　　销：全国新华书店
印　　刷：常熟新骅印刷有限公司
开　　本：890x1240　1/32
字　　数：82千
印　　张：5.75
版　　次：2016 年8月第1 版第1次印刷
ISBN 978-7-5473-0991-9
定　　价：20.00元

东方出版中心邮购部 电话：021-52069798

检